来发现吧，来思考吧，来动手实践吧
一套实用性体验型亲子共读书

1

365数学
趣味大百科

日本数学教育学会研究部 著
日本《儿童的科学》编辑部 著
扬 译

U0191745

九州出版社 JIUZHOUPRESS

图书在版编目（CIP）数据

365 数学趣味大百科 . 1 / 日本数学教育学会研究部，日本《儿童的科学》编辑部著；卓扬译 . -- 北京 : 九州出版社，2019. 11(2020. 5 重印)

ISBN 978-7-5108-8420-7

Ⅰ . ① 3… Ⅱ . ①日… ②日… ③卓… Ⅲ . ①数学—儿童读物 Ⅳ . ① 01-49

中国版本图书馆 CIP 数据核字 (2019) 第 247709 号

著作权登记合同号：图字：01-2019-7161

SANSU-ZUKI NA KO NI SODATSU TANOSHII OHANASHI 365

by Nihon Sugaku Kyoiku Gakkai Kenkyubu, edited by Kodomo no Kagaku

Copyright © Japan Society of Mathematical Education 2016

All rights reserved.

Original Japanese edition published by Seibundo Shinkosha Publishing Co., Ltd.

This Simplified Chinese language edition published by arrangement with

Seibundo Shinkosha Publishing Co., Ltd., Tokyo in care of Tuttle-Mori Agency, Inc.,

Tokyo through Beijing Kareka Consultation Center, Beijing

Simplified Chinese Translation Copyright © 2019 by Beijing Double Spiral Culture & Exchange Company Ltd

365 数学趣味大百科

作　　者　日本数学教育学会研究部　日本《儿童的科学》编辑部 著　卓扬 译

出版发行　九州出版社

地　　址　北京市西城区阜外大街甲 35 号（100037）

发行电话　(010)68992190/3/5/6

网　　址　www.jiuzhoupress.com

电子信箱　jiuzhou@jiuzhoupress.com

印　　刷　小森印刷（北京）有限公司

开　　本　710 毫米 ×1000 毫米　16 开

印　　张　54.5

字　　数　500 千字

版　　次　2019 年 12 月第 1 版

印　　次　2020 年 5 月第 2 次印刷

书　　号　ISBN 978-7-5108-8420-7

定　　价　266.00 元（全十二册）

走进数学的奇妙境界

北京小学数学特级教师　张俏梅

亲爱的小朋友们，数学阅读是小学阶段必须养成的学习习惯，习惯形成性格，性格决定命运。因此，良好的学习习惯将使你们终身受益。

我们生活在大数据时代，我们身边到处充满了数学信息，有些信息还特别奇妙。为了满足大家的好奇心，体验思考的快乐，提升思维能力和表述能力，我特别向你们推荐《365数学趣味大百科》亲子共读书，本书将带你走进意料之外的数学世界，品味不一样的数学。

《365数学趣味大百科》由日本数学教育家细水保宏多年潜心研

究撰写。本书基于小学数学教科书中"数与代数""统计与概率""图形与几何""综合与实践"等内容，积极引入生活中的数学话题，以及"动手做""动手玩"的内容。一天一个数学小故事，这套书一共为大家准备了366个与数学相关的故事，这些故事将带领你们探究基于数学本质的内容。每一个小故事，都是向你们心中投下的一颗小石子，小石子泛起的涟漪向远处一圈一圈扩散，如同你们对数学的兴趣向深向广蔓延。

小朋友们，和爸爸妈妈一起，通过"查一查""做一做""记一记"等方式，与家人、朋友充分体验共享数学的乐趣吧！聆听中外数学故事，了解数学发展史，感悟具有里程碑作用的数学成果及重大事件，掌握一些简单的数学思想、数学游戏，感受数学好玩、数学有用、数学真美，从而追寻数学，热爱数学，和数学成为好朋友。

在阅读探秘的过程中，我们要善于发现和提出问题，还要利用所学知识分析、探索和解决问题，发展核心素养。我建议，你们在阅读的时候要做到：

1. 眼到：把目光对准书的内容，速度平缓地浏览文字。

2. 手到：动手在书上做些记号，记录下书本的重点。

3. 心到：用心记忆书中的内容，记下自己的感受，认真思考。

4. 坚持：每天读一点，坚持下去，养成习惯，你一定会有大的收获。

张俏梅

中国教育学会会员，小学数学特级教师，北京实验学校（海淀）小学部教科研主任，清华大学继续教育学院"国培计划"中西部示范区建设项目顾问。主持国家等各级多个课题，并多次荣获国家等各级奖励。

一套内容全面、品质卓越的好书

江苏小学数学特级教师　陈今晨

由日本明星大学教授、日本数学教育学会（"日数教"）常任理事、全国数学教育研究会原会长细水保宏主编的《365 数学趣味大百科》丛书，是献给儿童的最好礼物，确实是"让孩子们爱上数学的魔法书"！

应当承认，自明治维新开始，日本早于我国振兴科学和教育成为发达国家。"日数教"已历百岁，以全方位宏大的学科视野，精细规划小学数学日常生活科学题材，开放拓展故事讲述，操练"思维的体操"。本丛书能让孩子课余津津有味、爱不释手于数学科学阅读，从而种下爱数学、爱科学的种子。日本著名科学家小柴昌俊就是这样，从小爱读《儿童的科学》及其他数学、科学类书籍，最后成为斩获诺贝尔奖的擎天巨木。

数学是科技的基础和工具，小学是人生学习成长的起跑阶段，科学没有国界。"他山之石，可以攻玉。"全国著名数学特级教师华应龙，在扬州召开全国千人大会成功执教"化错"精彩练习课"买比萨"素材，与本书 9 月 24 日"哪组比萨的面积最大"故事异曲同工。这套作为人类优秀科学文化精粹性科普、辅学数学的教研成果，发展中国家儿童、家长和教师，乃至课程开发专家，决无理由拒绝接纳、借鉴！有幸审阅中译本，我深切领略该书卓越品质。

"趣" 内容全面，激发兴趣。孩子谁不爱故事？本套书图文并茂逐日讲

故事，在趣味中开启孩子的智慧。九大数学版块，全面涵盖小学课标规定内容。每天十分钟深入浅出、过程完备，计算分析详尽多样。

"做" 适应儿童好动手习性。让其静读中动手"做数学"，引导剪、拼、摆、画、量、折、搭……手巧引动心灵，难怪孩子乐此不疲！

"活" 多途径灵活思维引领。比如99+99，先竖式笔算连续两次进位感受麻烦；后反衬突显"简便的窍门"：让99+1=100，算两个100，减多算的两个1。框出列式思路，再用两张100个点子形象图示，对比体验，灵活多途径说简算，令孩子豁然开朗！

"博" 知识广博包蕴百科。搜罗奇珍异闻、天文地理、游戏操作，数学史料，异国风情……涉足德、智、体、美、劳诸育。让孩子见多识广、厚积薄发，一飞冲天。

"实" 利于养成阅读习惯。浅显表达，书前"阅读指导"，经年累月逐日排列内容，留空供三轮填写阅读日期，生、师、亲三者一书共读、家校联教落实习惯养成。

妙哉，好书；善哉，小朋友和大朋友们！爱数学就买吧、读吧、用吧、存吧！

陈今晨

中学高级教师，江苏省资深小学数学特级教师，南通市小学数学专业委员会前副理事长。曾参与国家教育委员会基础教育司、联合国儿童基金会、联合国教科文组织联合进行的课题项目，以及北师大林崇德七五、八五全国重点课题研究，荣获省教研课题多项成果奖。

前 言

数学不只是一门传授知识的学科。

因此，让我们追随兴趣，享受探究的乐趣吧。

日本明星大学客座教授　细水保宏

　　这是我的一段数学回忆。"你用菱形纸折过千纸鹤吗？"当被问到这个问题时，我产生了这些疑问：菱形的纸也能折千纸鹤吗？千纸鹤会长成什么样呢？我选择马上动手折一折。于是在我的手中，意想不到的千纸鹤诞生了：一只脖子长，尾巴也长；另一只挥着翅膀像恐龙的模样。"真好玩！"这样强烈的感受，至今仍记忆犹新。思来想去，我发现两只不同形态的千纸鹤原来与折纸的方向有关。

　　"为什么？"我想要立刻寻找原因。展开折纸观察折痕之后，有一句话脱口而出："原来如此！"

　　用正方形纸折千纸鹤时，方法相同则千纸鹤的长相也会相同；但用菱形纸折时，千纸鹤的脖子、尾巴和翅膀的长度都会发生变化。"这和对角线的长度有关！"没错，如果只用对角线相等的正方形纸来折，是发现不了这点的。接下来，继续从问题中产生新问题，从疑问中破解疑问。"如果用和正方形、菱形相同，对角线也是互相垂直的梯形纸

来折的话，"我的猜想是，"折出来的千纸鹤，脖子或尾巴特别长，或者一边的翅膀特别长。"

为了验证这些想法，我马上开始动手折。等到形状奇怪的千纸鹤出现在眼前时，"原来如此！"这样发自内心的感动，至今记忆犹新。而解开一个疑团之后，也会带来更多的思考："如果用长方形纸折的话……""如果用三角形纸折的话……""如果用圆形纸折的话……"虽然已是深夜，但我兴奋极了，心扑通扑通地跳着，手不停地折纸。这样的经历，至今鲜明如初。

让回忆暂告一段落。这套书由日本数学教育学会研究部小学部成员撰写而成。成员们将"希望孩子了解数学的趣味！""每天多爱数学一点点！"的愿望，都融入到书中。学会创立于 1919 年，即将迎来它的 100 周年生日，是一个有着悠久历史与传统的研究团体。学会在日本的数学教育中处于领头羊地位，并为数学教育的发展做出了重要贡献。目前，学会的研究方向涉及幼儿园、小学、初中、高中、中职（职高）、大学的数学教育。同时，学会还与海外研究团体保持着友好协作的关系，研究成果不仅在国内发表，还会向国外推广。

我们研究部的成员，诚挚地希望："喜欢数学的孩子每天多一点！"

当你开始喜欢数学，就会发现身边冒出了许多以往忽略的运算和图形。这套书将带你走进意料之外的数学世界，品味数学之趣、数学之美，体验思考的快乐，提升思维能力和表述能力。一天一个数学小故事，这套书一共为大家准备了 366 个与数学相关的故事。这些故事不仅能吸引小学低年级的孩子，探究基于数学本质的内容，也能让小学中高年级、初中和成人温故知新。就像尝试用菱形纸折一只千纸鹤那样，我希望本书的每一个小故事，都是向孩子心中投下的一颗小石子。小石子泛起的涟漪向远处一圈一圈扩散，如同孩子对数学的兴趣向深向广蔓延。

数学不只是一门传授知识的学科。数学的学习，对于你所处的环境而言，是氛围和空间的再构造。在数学之旅中，我慢慢学会了把握事物间的逻辑，发现新鲜的事物，创造未知的事物。我由衷地希望，家长与孩子能够一天一个故事，共读这套书。准备好本子和铅笔，这是一次结伴而行的数学之旅。"兴趣是最好的老师"，虽然是老生常谈的一句话，但也屡试不爽。追随兴趣，享受探究的乐趣，才能点亮孩子的数学激情。

出生于日本神奈川县，毕业于横滨国立大学大学院数学教育研究科。曾任横滨市立三泽小学、横滨市立六浦小学教研组组长。2010—2015 年，任筑波大学附属小学副校长。2015 年 4 月起，任明星学苑教育支援办公室主任兼明星大学客座教授。

同时，任筑波大学外聘讲师、横滨国立大学外聘讲师、日本数学教育学会常任理事、全国数学教学研究会原会长。著有教科书《数学》，参与撰写日本小学《学习指导要领指南（数学篇）》（2010 年修订版）。

著有《细水保宏的数学教学法》《爱上数学的秘诀》《数学教育的专业之道·教学篇》《数学教育的专业之道·教材篇》《随想集＜快意称心＞》《提升能力的数学教学创意》《细水保宏的数学教材研究集》《快乐的数学》《点亮孩子的数学教学》等。

目　录

图标介绍

计算中的数学

测量中的数学

图形中的数学

规律中的数学

历史中的数学

生活中的数学

数学名人小故事

游戏中的数学

体验中的数学

目　录

本书使用指南

图标类型

本书基于小学数学教科书中"数与代数""统计与概率""图形与几何""综合与实践"等内容，积极引入生活中的数学话题，以及"动手做""动手玩"的内容。本书一共出现了9种图标。

计算中的数学
内容涉及数的认识和表达、运算的方法与规律。对应小学数学知识点"数与代数"：数的认识、数的运算、式与方程等。

测量中的数学
内容涉及常用的计量单位及进率、单名数与复名数互化。对应小学数学知识点"数与代数"：常见的量等。

规律中的数学
内容涉及数据的收集和整理，对事物的变化规律进行判断。对应小学数学知识点"统计与概率"：统计、随机现象发生的可能性；"数与代数"：数的运算等。

图形中的数学
内容涉及平面图形和立体图形的观察与认识。对应小学数学知识点"图形与几何"：平面图形和立体图形的认识、图形的运动、图形与位置。

历史中的数学
数和运算并不是凭空出现的。回溯它们的过去，有助于我们看到数学的进步，也更加了解数学。

生活中的数学
数学并不是禁锢在课本里的东西。我们可以在每一天的日常生活中，与数学相遇、对话和思考。

数学名人小故事
在数学历史里，出现了许多影响世界的数学家。与他们相遇，你可以知道数学在工作和研究中的巨大作用。

游戏中的数学
通过数学魔法和益智游戏，发掘数和图形的趣味。在这部分，我们可能要一边拿着纸、铅笔、扑克和计算器，一边进行阅读。

体验中的数学
通过动手，体验数和图形的趣味。在这部分，需要准备纸、剪刀、胶水、胶带等工具。

作者
各位作者都是活跃于一线教学的教育工作者。他们与孩子接触密切，能以一线教师的视角进行撰写。

阅读日期
可以记录下孩子独立阅读或亲子共读的日期。此外，为了满足重复阅读或多人阅读的需求，设置有3个记录位置。

日期
从1月1日到12月31日，每天一个数学小故事。希望在本书的陪伴下，大家每天多爱数学一点点。

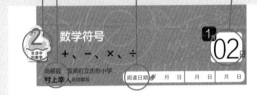

迷你便签
补充或介绍一些与本日内容相关的小知识。

引导"亲子体验"的栏目
本书的体验型特点在这一部分展现得淋漓尽致。通过"做一做""查一查""记一记"等方式，与家人、朋友共享数学的乐趣吧！

我们身边有许许多多的"1"

日本明星大学客座教授
细水保宏老师撰写

1月01日

阅读日期　　月　日　｜　月　日　｜　月　日

祝大家元旦快乐!

1月1日,是世界多数国家通称的"新年",在中国和日本都称作"元旦"。

"元旦"一词最早出现于中国的《晋书》,其中写道:"颛帝以孟夏正月为元,其实正朔元旦之春。"南北朝时,南朝萧子云的《介雅》诗中也有"四季新元旦,万寿初春朝"的记载。

中国最早称农历正月初一为"元旦","元"是"初"、"始"的意思,"旦"指"日子","元""旦"合称即是"初始的日子",也就是一年的第一天。不过在中国古代正月初一从哪日算起并不是统一的。夏朝的夏历以孟喜月(元月)为正月,商朝的殷历以腊月(十二月)为正月,周朝的周历以冬月(十一月)为正月。秦始皇统一中国后,又以阳春月(十月)为正月,即十月初一为元旦。从汉武帝起,才规定孟喜月(元月)为正月,把孟喜月的第一天(夏历的正月初一)称为元旦,一直沿用到清朝末年。

1949年9月27日,在第一届中国人民政治协商会议上,通过了使用世界通用的公元纪年法,把公历的一月一日定为"元旦",俗称阳历年;农历正月初一通常都在立春前后,因而把农历正月初一定为

"春节"，俗称阴历年。

祝大家元旦快乐哟！

我们身边有许许多多的"1"

1是所有数字的开始。在数学学习中，我们将会碰到1的许多个身份：1是最小的正整数，数的体系从1开始。

天上的星星有几颗？数一数，1、2、3……没有了1，连数数都做不到了。$3 \times 1 = 3$，$3 \div 1 = 3$，用1去乘或除其它不为0的自然数，结果还是那个数。

"举一反三""一日千里""一期一会"……谚语、成语中的"一"更是数不清。

你也来找一找我们身边的1吧！

我能完成几个？

在□里填入数字，组成成语。好好想一想，可以填入什么数字呢（不限于一）？答案就在"迷你便签"里哟。

□心□意　□言□语
□花□门　□面□方
□牛□毛　□发□中

答案分别是："一心一意""三言两语""五花八门""四面八方""九牛一毛""百发百中"。

15

数学符号

＋、－、×、÷

岛根县　饭南町立志志小学

村上幸人老师撰写

"＋"与"－"的诞生

在数学中，"2 加 3""6 减 5"之类的计算我们并不陌生。将它们列成算式的话，就是"2 + 3""6 - 5"。不过，你知道这里面"+"与"-"是怎么来的吗？

"-"就是一条横线。据说，在航行中，水手们会用横线标出木桶里的存水位置。随着水的减少，新的横线越来越低。

而当木桶里的水又增加时，便用竖线条把原来画的横线划掉。于是就出现了用于表示减少的"-"和表示增加的"+"。

在航行中，水可是非常珍贵的资源呢，人们需要时刻关注船上的存水量。

"×"与"÷"的由来

"×"是由 17 世纪英国数学家奥特雷德发明的，据说，这个符号是从十字架倾斜而来。"×"与拉丁字母"X"相似，因此也有一些国家用"·"来表示乘号。我们将可以在初中数学里看到这个符号。

"÷"又被称为拉恩记号，是由 17 世纪瑞士人拉恩发明的。除号的横线代表分数的横线，上面的点对应分子，下面的点对应分母。也有一些国家用"/"和"："来表示除号。

记一记

数学符号的笔顺

按照右边图片所展示的那样记一记"+""–""×""÷"的书写顺序吧!

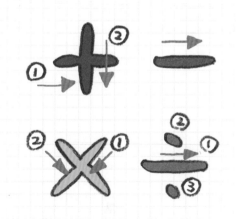

关于"+""–""×""÷"的来历，除了本书中介绍的故事之外，还有其他的说法哟。大家快找一找，看看还有什么说法吧!

指针为什么向右转

学习院小学部
大泽隆之 老师撰写

阅读日期　月　日　|　月　日　|　月　日

钟表指针向右转的原因

指针嘀嗒嘀嗒，为什么向右旋转呢？

机械钟表诞生在 13 世纪的欧洲，从那时起钟表指针就是向右转动的。这其中藏着的秘密，要追溯到古巴比伦时代。

我们通常认为，日晷诞生于公元前 5000 年—前 3000 年的古巴比伦和古埃及。最初的日晷，只是在地面上支起一根小木棍，利用太阳的投影方向来测定并划分时刻。

除了显示一天之内的时刻，日晷更大的作用是用来制定历法。

古人通过测量白天与黑夜的时长，知道了春分与秋分。而在正午时分，小木棍的影子最短，由此划分上午与下午。

秘密就在日晷里

从地面到晷面，从小木棍到晷针，功能相对完善的日晷，诞生于公元前 2050 年，它的影子也是向右转动的。

太阳东升西落，晷针的影子随之从左移动到右。模仿着这种运动轨迹，机械钟表登上了历史舞台。

让日晷说出答案

做一个简易的日晷，看一看指针是不是向右转。

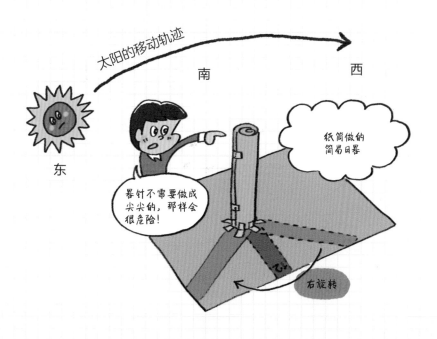

游戏中的数学

有趣的计算游戏——
"翻牌游戏"

1月
04日

大分县 大分市立大在西小学
二宫孝明 老师撰写

阅读日期　月　日　｜　月　日　｜　月　日

掷骰子就可以玩起来的游戏

你听说过"翻牌游戏"吗？这是一个古老而有趣的计算游戏。它的规则十分简单，只要掷骰子就可以玩。当然，玩这个游戏还需要一名对手，你现在就可以和朋友或家人开始游戏啦。

准备的材料，首先是两颗骰子，然后是 9 张扑克牌大小的卡片。卡片上依次写上数字 1~9，当然，我们可以直接使用扑克牌 1~9。

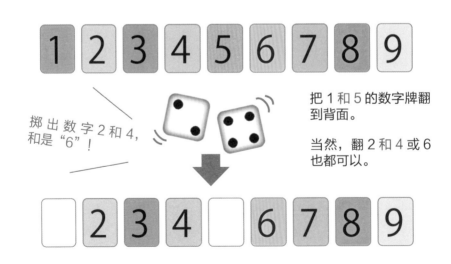

掷出数字 2 和 4，和是"6"！

把 1 和 5 的数字牌翻到背面。

当然，翻 2 和 4 或 6 也都可以。

对战双方轮流投掷骰子，计算骰子数字之和。然后选择相加之后与结果相同的数字牌组合，进行翻牌。等到数字牌都翻为背面时，游戏结束。

规则很简单

接下来，我们说一说规则。首先，将数字牌正面朝上摆好。接着，我们投掷出两颗骰子，并计算出这两个数的和。最后，按照计算出的结果，翻对应的一张或两张数字牌。例如，骰子掷出数字 2 和 4，它们的和是 6，这时候可以翻一张数字牌 6，也可以翻两张数字牌：1 和 5 或 2 和 4。翻一张或翻两张，翻这组或翻那组，玩家可以自由选择。

对战双方轮流投掷骰子和翻牌，当数字牌不足 6 张时，将骰子减为 1 颗。等到数字牌都翻为背面时，游戏结束。谁翻得牌多，谁就赢了。

动手做做吧！

使用软木板、小木块、小布头等材料，试着做一个自己特有风格的"翻牌游戏"道具吧。可以用颜料画上图案，最后上一层清漆润饰一下。

用 10 元店材料制作而成的"翻牌游戏"道具。摄影／二宫孝明

迷你便签

"翻牌游戏"的好玩之处，还在于可以自己制定规则。例如，一次可以翻 3 张数字牌。又例如骰子数字为 3 时，可以翻 9 和 6 两张数字牌，也就是说，可以用减法。

人体测量术

御茶水女子大学附属小学
久下谷明老师撰写

过去我们用身体当"尺子"

我来问一个问题，你知道我们这本书的长度是多少吗？于是，我看到你拿出一把尺子，测量后得出的答案是 23 厘米。

但是，在没有"尺子"这种标准测量工具之前，过去的人们是如何进行测量并告知其他人的呢？答案是使用身边的事物。更确切地说，是我们的手和脚，也就是我们自己的身体。

在古代的日本，人们使用手来进行计算，也利用手作为测量的单位。

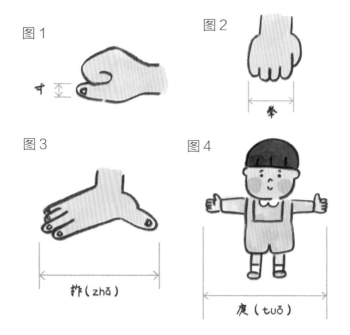

图1

寸

图2

拳

图3

拃（zhǎ）

图4

庹（tuǒ）

让我们来记一记

快瞧，这些都是用手来表示的测量单位。

·"1寸"：拇指第一关节的宽度，在中医里常常使用（图1）。

·"1拳"：一拳的宽度（图2）。

·"1拃"：张开大拇指和中指，两端的距离（图3）。

·"1庹"：两臂向左右伸开，指尖到指尖的长度（与身高相近）（图4）。怎么样？如果记住每把"身体尺"的大致长度，在生活中也可以方便地使用哟。

古埃及的长度单位"库比特"

在古埃及，国王手腕（从手肘至中指尖）的长度，被称为"1库比特"。也因为如此，每当换了一任国王，那么1库比特的长度就会改变。这把"古埃及腕尺"的长度，大致是50厘米。由此，还陆续派生出掌尺等长度单位。

在美国和英国，人们至今依旧在使用古老长度单位英尺（foot）。它指的是成年男性脚尖到脚后跟的长度。1英尺约为30厘米，还真是只大脚呢。

跳台滑雪比赛的计分

神奈川县　川崎市立土桥小学
山本直 老师撰写

阅读日期　　月　日　　月　日　　月　日

跳台滑雪比赛的计分规则

大家知道跳台滑雪这项运动吗？在冬季奥运会和世界滑雪锦标赛上，都可以看到比赛选手们活跃的身姿。他们使用特制的滑雪板，沿着跳台的倾斜助滑道下滑，然后借助速度和弹跳力，使身体跃入空中，最后落在山坡上。根据身体在空中飞行的距离和动作完成度

选手	裁判1	裁判2	裁判3	裁判4	裁判5	5人合计总分	有效得分
(A)	10	9	8	7	7	41	24
(B)	10	9	8	6	6	39	23
(C)	9	9	8	8	6	40	25

有效得分

评分，分别计入飞跃距离分与飞跃姿势分，计算综合成绩。

其中飞跃姿势分由 5 名裁判员同时打分，为保证公平公正，评分时，去掉 1 个最高分和 1 个最低分，再将剩下的分数相加。

去掉最高分和最低分的意义

让我来举一个简单的例子。

在满分是 10 分的情况下，如果所有裁判的评分都是 10 分，那么最高分与最低分相同，都是 10 分。去掉 2 位裁判的 10 分后，剩下的有效得分就是 3 位裁判的合计总分 30 分。

接下来，我们来看看左页的表格。选手 A 的 5 人合计总分是 41 分，去掉最高分和最低分后，有效得分为 24 分；选手 B 的 5 人合计总分是 39 分，有效得分为 23 分。再来看，虽然选手 C 的 5 人合计总分是 40 分，低于选手 A，但有效得分为 25 分，是 3 人中的最高分。

你有没有觉得有点儿神奇呢？带着这样的"神奇"看比赛，跳台滑雪可能会变得更有趣。

不公平是怎么一回事儿？

让我来举一个极端的例子。如下表所示，选手 D 有一组神奇的得分。在去掉 1 个最高分和 1 个最低分后，有效得分为 29 分，几乎是完美的。但是，如果我们计算 5 人合计总分的话，选手 D 就只有 40 分，低于选手 A。也就是说，当采取 5 人裁判制时，即使有 4 位裁判认为"优秀"，但有 1 位裁判故意打低分，也是可能造成该名选手输掉比赛的。因此，为保证公平公正，评分时会去掉最高分和最低分。

选手	裁判1	裁判2	裁判3	裁判4	裁判5	5人合计总分	有效得分
(D)	10	10	10	9	1	40	29

有效得分

跃入空中

"为什么呢？"当你对于某个问题迷惑不解时，可以试着以一个极端的例子作为突破，问题也许就迎刃而解了。

一寸法师到底有多高

御茶水女子大学附属小学

久下谷明老师撰写

阅读日期　　月　日　　月　日　　月　日

一寸法师与大拇指

日本古代童话《一寸法师》中，记载了一个看似弱小的小人儿，用机智与勇气打败强大妖怪的故事。那么，这个小人儿到底有多高呢？

一寸法师，这个名字中的"寸"是古代使用的长度单位。通常认为，寸的长度来源于拇指第一关节的宽度。日本在 1891 年颁布了第一部《度量衡法》，正式确定了尺寸的换算。"1 寸"，等于 1 尺的 $\frac{1}{10}$，约为 3 厘米（$\frac{1}{33}$ 米）。

其实，拇指第一关节的宽度约为 2 厘米，而根据《度量衡法》来看，1 寸约为 3 厘米。因此，一寸法师的身高大概是在 2 厘米 –3 厘米之间。真是非常迷你的小人儿呢。

1 寸等于 1 尺的 $\frac{1}{10}$

也就是

约为 3.03 厘米

（10 寸 =1 尺）

2 厘米~3 厘米

在中国，现在 1 寸约为 3.33 厘米，与日本稍有不同。

从尺和寸到米和厘米

尺和寸是日本过去使用的长度单位，现在几乎已经没有人再使用了。1921 年《度量衡法》更新，采用世界通用的米制单位，"米"和"厘米"开始登上日本的历史舞台。1959 年，日本成功在全国统一长度计量单位"米"和"厘米"。

从此，尺与寸就消失在人们的生活中了。

1尺等于几厘米？

"尺"这个汉字很有意思，它像大拇指与食指张开的样子。从大拇指到食指两端的距离，约为 15 厘米，也就是 5 寸。重复两指张开的动作，我们就能测量出 1 尺。尺蠖身体

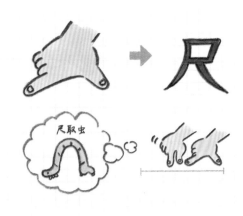

细长，行动时一屈一伸像个拱桥，像极了我们刚才的手部动作。因此，尺蠖在日本被形象地写作"尺取虫"。

日本有一首歌叫作《阿尔卑斯一万尺》，你知道歌名的意思吗？日本阿尔卑斯山脉指的是本州中部山脉，歌名形容的就是山脉中山峰的海拔。一万尺约为 3000 米，本州中部山脉拥有多个海拔在 3000 米以上的山峰。

计算中的数学

偶数还是奇数①

1月
08日

御茶水女子大学附属小学
冈田纮子老师撰写

阅读日期 月 日 月 日 月 日

偶数和奇数

小朋友们，你们听说过偶数和奇数这两个词吗？

偶数是能被 2 整除的整数，奇数则是不能被 2 整除的整数。

偶数和奇数哪个多？

观察一颗骰子，上面的数字有 1、2、3、4、5、6，是偶数多，还是奇数多？偶数有 2、4、6，奇数有 1、3、5，奇偶数目相同。

图 1

+	⚀	⚁	⚂	⚃	⚄	⚅
⚀	2	3	4	5	6	7
⚁	3	4	5	6	7	8
⚂	4	5	6	7	8	9
⚃	5	6	7	8	9	10
⚄	6	7	8	9	10	11
⚅	7	8	9	10	11	12

那么，问题来了。当我们同时投掷两颗骰子，并将两个数字相加时，你觉得是偶数多，还是奇数多呢？比如，当投出数字 1 和 1 时，1 + 1 = 2，和为偶数。

现在，我们已经将两颗骰子的投掷结果都写出来了（图 1）。用列表格的方法，可以防止重复和遗漏。

如表格所示，结果是偶数的有 18 组，奇数的同样也是 18 组。

当然，我们也有比列出所有结果更加简便的方法。如图 2 所示，偶数 + 偶数 = 偶数，偶数 + 奇数 = 奇数，奇数 + 偶数 = 奇数，奇数 + 奇数 = 偶数。因此，奇偶数目相同。

图 2

偶数 + 偶数 = 偶数

偶数 + 奇数 = 奇数

奇数 + 偶数 = 奇数

奇数 + 奇数 = 偶数

问题又来了，当我们同时投掷两颗骰子，并将两个数字相乘时，你觉得是偶数多，还是奇数多？想一看究竟吗？答案就在 1 月 17 日！

29

正面在哪里？
神奇的莫比乌斯环

御茶水女子大学附属小学
久下谷明 老师撰写

"正面在哪里？"当我们仔细观察一个莫比乌斯环的时候，这个问题无法回答。它的制作方法很简单，把纸条的一端扭转半圈，再将两头粘接起来，就是一个充满魔力的纸带圈了。

准备材料

▶ 纸
▶ 剪刀
▶ 胶水
▶ 铅笔
▶ 尺子

● 这就是莫比乌斯环

细长的纸带从中间扭曲，这就是莫比乌斯环。当我们沿着纸带的外侧行走，不知不觉就会发现自己已经身处纸带的内侧了。整条纸带只有一个面，这就是莫比乌斯环最神奇的地方。

● 做一个莫比乌斯环

快来动手做一个魔法之环吧。

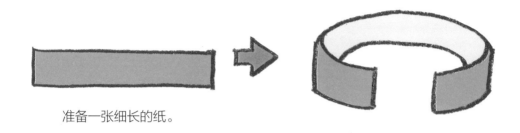

准备一张细长的纸。

弯成一个圈。

把纸条的一端扭转半圈，再将两头用胶水粘接起来。

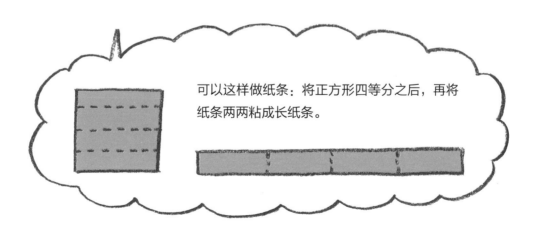

可以这样做纸条：将正方形四等分之后，再将纸条两两粘成长纸条。

● 剪开莫比乌斯环会发生什么？

沿着莫比乌斯环中间剪开，你猜会发生什么？

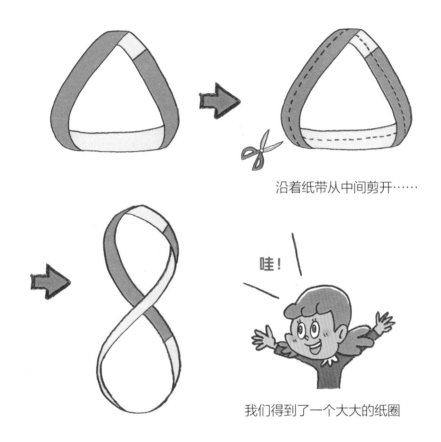

沿着纸带从中间剪开……

哇！

我们得到了一个大大的纸圈

● 扭转一圈的环会发生什么？

莫比乌斯环是让纸条的一端扭转半圈。接下来，我们试着把纸条一端扭转一圈再剪开，看看会发生什么吧。

把纸条的一端扭转一圈，再将两头用胶水粘接起来。

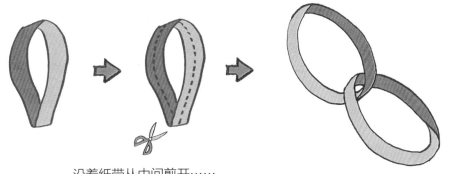

沿着纸带从中间剪开……

这次我们得到了两个套在一起的环

● 3 等分会发生什么?

若是将莫比乌斯环 3 等分，将会得到什么?

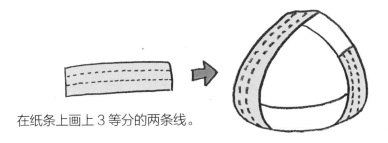

在纸条上画上 3 等分的两条线。

制作一个莫比乌斯环，然后沿着其中一条 3 等分线剪开。
不知不觉间，两条 3 等分线都剪开了。

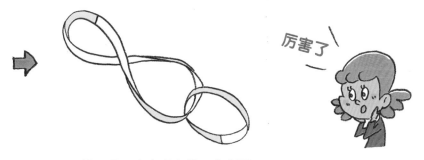

厉害了

你猜到了吗? 结果是一个大环套着一个小环。

迷你便签

莫比乌斯环的名字，源于它的一个发现者——出生在 1970 年的德国数学家奥古斯特·费迪南德·莫比乌斯。

33

"0" 是什么

1月
10日

筑波大学附属小学
盛山隆雄老师撰写

阅读日期	月	日	月	日	月	日

篮子里有几个橘子？

已知篮子里有 5 个橘子，一个一个拿出来之后，篮子就空了。这时，篮子里橘子的数量，是"零个"="0 个"。因此，我们知道 0 是一个数字。

还是这个有 5 个橘子的篮子，我们想用筷子把橘子夹出来，但是没成功。这时，夹出来的橘子数量，是 0 个，篮子里的橘子数量，是 5 - 0 = 5。0 的含义，你有感觉了吧？

乘法中 0 的力量

买东西的时候，我们按照这样的公式:（1 个物品的价格）×（购买个数）=（所有物品的总价）。如果 1 个物品的价格是 0 元，那么不管我买多少个，总价都是 0 元。

反过来想，如果 1 个物品的价格非常非常高，但购买个数只有 0 个，那么总价依旧是 0 元。

除法中 0 的力量

除法和乘法一样，0 除以任何非零数，答案都还是 0。比如，0÷2 = 0，0÷100 = 0 等。那么，像 2÷0 = 0 这样反过来的存在吗？我们来验证一下，2÷0 = 0 的逆运算是 0×0 = 2，很明显这个算式并不存在，因此 0 作为除数的算式是不存在的。

0 这个数字是由古印度人在公元 5 世纪左右时发明的（见 8 月 31 日）。

用 1×1、11×11……表示的绝美富士山

福冈县　田川郡川崎町立川崎小学
高濑大辅 老师撰写

阅读日期　　月　日　　月　日　　月　日

来找一找规律吧

通过简单的运算，就能在其中发现一座绝美的"富士山"，快来试试吧。规定在这次的乘法中，只能使用数字 1。如图 1 所示，从 1×1 = 1 开始我们的"富士山之旅"吧。

一座小山出现了，在我们继续运算之前，请仔细地观察一下山顶、山腰和山底。规律是不是已经呼之欲出了？

两位数相乘的积是 121。三位数相乘的积是 12321。

根据这个规律，用不着费力笔算，就可以刷刷刷地写出答案来了。四位数相乘的积是 1234321，五位数相乘的积是 123454321。

图 1

$$1×1=1$$
$$11×11=121$$
$$111×111=12321$$

为什么会出现这么有规律的答案呢？那么就通过五位数 11111×11111 的笔算，验证一下吧。

如图 2 所示，这是五位数相乘的情况，六位数、七位数相乘的情况也是同样的。算到这里，美丽的"富士山"也该出现啦（图 3）。

那么，问题来了

可惜，这样美好的规律并不是一成不变的，等到位数继续增加，美丽的"富士山"也将离我们而去。大家可以猜一猜，规律是在几位数相乘时消失的呢？答案就在"迷你便签"里哟。

图2

```
      1 1 1 1 1
  × 1 1 1 1 1
      1 1 1 1 1
    1 1 1 1 1
  1 1 1 1 1
1 1 1 1 1
1 1 1 1 1
1 2 3 4 5 4 3 2 1
```

图3

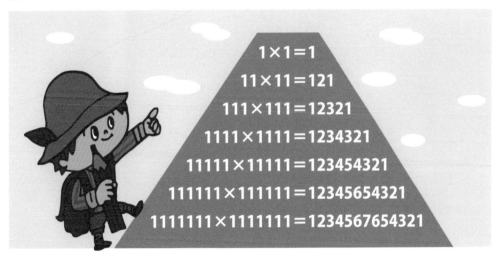

$1×1=1$
$11×11=121$
$111×111=12321$
$1111×1111=1234321$
$11111×11111=123454321$
$111111×111111=12345654321$
$1111111×1111111=1234567654321$

答案是从十位数开始。10 个 1 组成的十位数相乘，会出现进位。"$1111111111×1111111111=1234567900987654321$"，显而易见进位打破了原本的结构规律。

37

古装剧里不陌生！
江户时代的时间

1月
12日

学习院小学部
大泽隆之老师撰写

阅读日期 　月　日 　月　日 　月　日

用十二地支表示的时辰

在日本的江户时代（1603-1867年），人们通过寺庙的钟声来获知时间。日出卯时钟敲6下，日中午时钟敲9下。

用十二地支表示的十二时辰制，是在奈良时代（710-794年）从中国传到日本的。每个时辰是2小时，以夜半23:00-1:00为子时，1:00-3:00为丑时，3:00-5:00为寅时，依此类推。根据太阳的运动规律，日出为卯时，日落为酉时。如果观察一下白天的时间，会发现夏天的白天长，冬天的白天短。

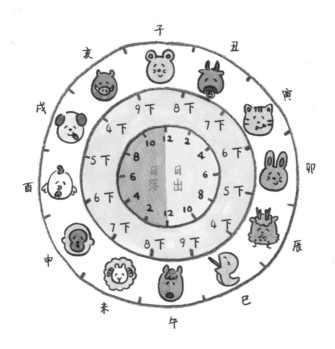

与九九乘法表相关的钟声

那么，是由什么决定敲钟的次数呢？

这与九九乘法表息息相关。当时的占卜术（阴阳道）中，以9为大，认为9是一个充满力量的数字。同时，又以子时为1、丑时为2……到了正中午时，又从1开始计数。这些数字乘以9，再取积的个位，就是敲钟的次数。例如，$1 \times 9 = 9$，敲钟9下，$2 \times 9 = 18$，敲钟8下，依此类推。子时为1，可推算卯时为4，4×9得36，于是卯时敲钟6下。因为时辰取1-6，通过九九乘法表可知，敲钟的次数分布在9-4。

什么时候敲1-3下钟呢

根据今天的学习内容，似乎敲钟的次数没有1-3。其实不然。古代的时辰相当于现在的2小时，将每个时辰四等分，每隔30分钟分别敲钟1下、2下、3下。敲钟2下的时刻，是这个时辰的"正点"。

日语的"点心"这个词中，出现了汉字"八"，正好就是未时的敲钟次数。江户时代的人们，一天吃两顿饭，到了下午肚子就饿了。因此，他们有在下午3点左右吃些小点心的习惯。

39

计算中的数学

用图形来表现
九九乘法表①

东京都　杉并区立高井户第三小学
吉田映子 老师撰写

1月
13日

阅读日期　　月　日　　月　日　　月　日

先试试乘法第3列吧

先把九九乘法表的第3列列出来。

$$3 \times 1 = 3 \qquad 3 \times 2 = 6$$
$$3 \times 3 = 9 \qquad 3 \times 4 = 12$$
$$3 \times 5 = 15 \qquad 3 \times 6 = 18$$
$$3 \times 7 = 21 \qquad 3 \times 8 = 24$$
$$3 \times 9 = 27$$

取答案的个位数，在下页圆形中依次用直线连接起来。从 0 开始。

$3 \times 4 = 12$，答案取 2，$3 \times 5 = 15$，答案取 5，按照这个顺序连起来。快来看看，画到最后的结果是一颗星星。

再接再厉，连出更多的图形来吧。再来试试乘法表第 4 列。

连接的数字依次是 0、4、8、2、6、0、4、8、2、6。画到最后的结果是……

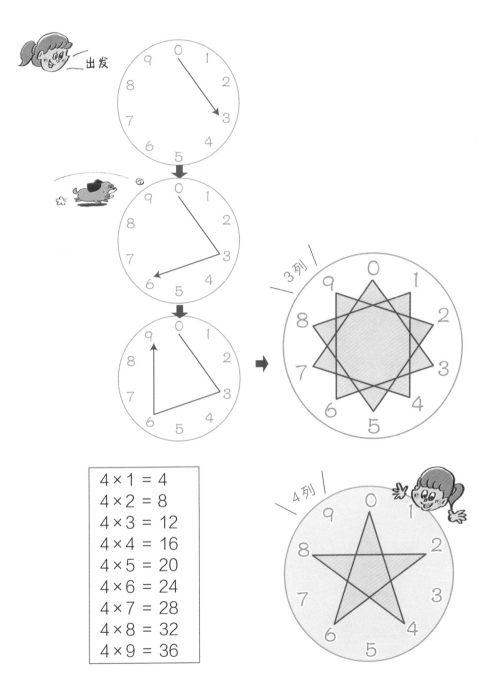

出发

3列

4列

$4 \times 1 = 4$
$4 \times 2 = 8$
$4 \times 3 = 12$
$4 \times 4 = 16$
$4 \times 5 = 20$
$4 \times 6 = 24$
$4 \times 7 = 28$
$4 \times 8 = 32$
$4 \times 9 = 36$

迷你便签

依次连接积的个位数，会出现各种图形（见2月9日）。你也可以试试乘法表之外的数字，比如超过10会怎么样？这些都等待你的发现哟。

做一做
无缝拼接图案

神奈川县　川崎市立土桥小学
山本直老师撰写

1月14日

阅读日期　月　日　月　日　月　日

制作·提供／杉原厚吉

无缝拼接图案

　　左侧这张图，出自杉原厚吉教授之手，是一幅"无缝拼接图案"。仔细观察这幅作品，可以发现它是由形状、大小都相同的图案无缝拼接而成的。那么，这种图案又是怎样做出来的呢？稍稍远离这幅图，仿佛是许许多多的正方形排列在一起。

　　实际上，这种看似十分巧妙的图案，大部分是由一些简单形状改动而成的。基础的简单形状原本就可以无缝拼接，稍作改动之后就可以产生奇妙的效果。

基础图形是正方形和长方形？

　　再看下页右侧这张照片里的画，出自小学六年级学生之手，它由许许多多个神奇的生物组成。其实，这些生物的原型也只是简单的正方形、梯形等四边形。剪切四边形的一部分，移动到其他位置。重复

42

多次操作后，有趣的无缝
拼接图案就出现了。

　　如果在剪切时，运用
曲线和复杂形状，那么做
出来的图案将更奇妙。同
时，我们也可以在组合方
式上下功夫，比如将图形
反向、旋转组合。

　　你也来挑战一下，做
一个自己的作品吧。

摄影 / 山本直制作 / 横滨国立大学教育人类科学部
附属横滨小学平成 14（2002）届毕业生

剪切、移动，重复吧

　　如右图所示，将正方形或长方形的一部分剪切下来，
移动到图形的另一侧。重
复两次之后，就出现了一
个简单的无缝拼接图案。
我们也可以通过改变基础
图形、更换组合方式来产
生更多更有趣的作品。

　　其实基础图形可以不止一个，将正方形、三角形等组成的基础图形
经过剪切移动后，会产生更复杂的图案。

43

古代玛雅人的数字表达

岩手县　久慈市教育委员会
小森笃老师撰写

圆点代表1到4，横线代表5

在今天墨西哥的周边，历史上曾经存在过玛雅古国。在没有望远镜和电脑的时代，玛雅人却能够长期观测天象，掌握天体运动规律，制定出精确的天文历法，创造了高度发达的玛雅文明。

在玛雅古国，人们使用3个符号来表达数字（图1），这与算盘有些类似。

图1

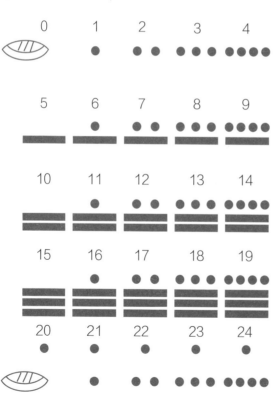

这里有神奇的20进制

玛雅人仅用3个符号，就组成了所有数字。在他们的数字写法中，用贝壳的形象表示0，圆点代表1，横线代表5，每个数位可以表示小于20的数字。

满二十进一。这与

我们现在普遍使用的十进制有所不同，并不是满十进一。值得一提的是，玛雅数字中也蕴含着五进制。

因此，数字"18"可以如图2所示，表现为3点3横。

玛雅人使用的以"20"为基数的数字表达方式，被称为"二十进制记数系统"。

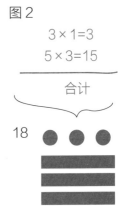

图2

$3 \times 1 = 3$
$5 \times 3 = 15$

合计

18

古人如何表示数字

从远古时代开始，人类就创造出许多表达数字的方式，你知道其中的几种呢？

美索不达米亚文明（楔形文字）	𒁹	𒐂	𒐈	𒐉	𒐊
古 罗 马	I	II	III	IV	V
玛雅文明	●	●●	●●●	●●●●	—
中华文明	一	二	三	四	五
阿拉伯数字	1	2	3	4	5

其实在世界上的一些地区，到现在还在使用以20为基数的数字表达方式。

游戏中的数学

来吧！生日猜谜游戏

1月 16日

东京学艺大学附属小学
高桥丈夫老师撰写

阅读日期　　月　日　｜　月　日　｜　月　日

猜一猜小伙伴的生日

告诉大家一个生日猜谜的大魔法，和小伙伴一起玩起来吧。

首先，让小伙伴拿着计算器。然后，让他按照图 1 的指示进行计算。对了，记得让小伙伴把生日保密哟。

经过步骤①②③的计算，小伙伴的生日就魔术般地出现在计算器上了。

图 1

①首先，将出生月份乘以 4，加上 8。

②将步骤①的答案乘以 25，加上出生日期。

③将步骤②的答案减去 200。

成功！
这个数字就是你的生日！

用生日 7 月 15 日来验证一下魔法吧。

① 7（出生月份）× 4 + 8 = 28 + 8 = 36

② 36 × 25 + 15（出生日期）= 900 + 15 = 915

③ 915 – 200 = 715

答案 715 就表示生日是 7 月 15 日（图 2）。

怎么样，想和小伙伴一起感受魔法的魅力了吗，快试试吧。

图 2

生日猜谜的魔法
验证一下 7 月 15 日

① 出生月份 ×4+8　　7×4+8=28+8=㊱

②×25+ 出生日期　　36×25=⑨⑩⑩

　　　　　　　　　900+15=⑨①⑤

③200　　　　　　915−200=715

　　　　　　　　715→7 月 15 日

迷你
便签

　　为什么经过这样的计算，就能得出生日了呢？请大家好好思考一下。答案在 1 月 23 日等着你哟。

偶数还是奇数②

计算中的数学

1月 17日

御茶水女子大学附属小学
冈田纮子老师撰写

阅读日期　　月　日　　月　日　　月　日

偶数和奇数哪个多？

观察一颗骰子，奇数有 1、3、5，偶数有 2、4、6。那么，问题来了。当我们同时投掷两颗骰子，并将两个数字相乘时，你觉得是偶数多，还是奇数多呢？比如，当投出数字 1 和 2 时，1×2 = 2，积为偶数（图 1）。

图 1

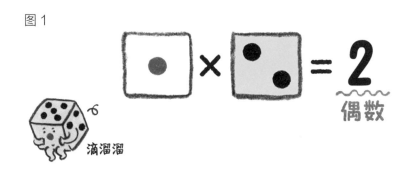

现在，我们已经将两颗骰子的投掷结果都写出来了。用列表格的方法，可以防止重复和遗漏。如下页图 2 所示，结果答案是偶数的有 27 组，奇数的有 9 组，偶数多于奇数。

当然，我们也有比列出所有结果更加简便的方法：偶数 × 偶数 = 偶数，偶数 × 奇数 = 偶数，奇数 × 偶数 = 偶数，奇数 × 奇数 = 奇数。因此，偶数肯定多于奇数。

48

如果投掷 10 颗骰子呢？

嘿，问题又来了。当我们同时投掷 10 颗骰子，并将 10 个数字相乘时，你觉得是偶数多，还是奇数呢？显然，要把所有结果都写出来的话，会非常麻烦。这个问题，自然也有简便的判断方法：只要有 1 颗骰子的数字是偶数，那么积就是偶数。

比如，投掷出了一个数字 6，6

图 2

×	1	2	3	4	5	6
1	1	2	3	4	5	6
2	2	4	6	8	10	12
3	3	6	9	12	15	18
4	4	8	12	16	20	24
5	5	10	15	20	25	30
6	6	12	18	24	30	36

○ 偶数
■ 奇数

（例）只要出现一个 2 或 4 或 6，答案就是偶数

1×1×1×3×3×3×5×5×5×2 ➡ **偶数**

（例）只有所有数字都是 1 或 3 或 5，答案才是奇数

1×1×1×3×3×3×5×5×5×5 ➡ **奇数**

又可以看作是 3×2。当数字相乘时遇到 ×2，答案必然是偶数。因此，在"同时投掷 10 颗骰子"的问题中，偶数的数量是压倒性的胜利。

在日本，骰子上的 1 点一般是红色的，据说是将 1 点这个面看作是日本国旗。在中国，骰子的 1 点和 4 点一般是红色的，据传和唐玄宗李隆基有关。

49

形容长寿年龄的 称呼指的是多少岁

青森县 三户町立三户小学
种市芳丈 老师撰写

阅读日期 ✐ 月 日 月 日 月 日

图1

将米字拆开看一看。

图2

百字减去一横就是白啦。

"米寿""白寿"指的是多少岁?

"米寿""白寿"都是传统的年龄称呼。那么,它们具体指的是多少岁呢?请看图1。

米寿是88岁的雅称。因为把"米"字拆开来看,它的上下各有1个八,中间是"十",可以读作八十八。巧妙地利用了汉字形体部件的拆分。

"白寿"形容的又是多少岁呢?请看图2。

白寿是99岁的雅称。"百"字去掉上边的一横是"白"字,也就是用"百"减去"一",100 - 1 = 99。妙在减法。

汉字拆分又相加

最后一题,可有点难度了。"皇

寿"指的是多少岁？请看图3。

皇寿是 111 岁的雅称。因为"皇"字可以拆分为"白、一、十、一"，将它们相加之后，99 + 1 + 10 + 1 = 111。

我们今天介绍的词汇，都是传统的年龄称呼，一般在老人寿辰庆典仪式上使用。这些词汇随着寿辰庆典仪式，在奈良时代（710-794 年）从中国传入日本。其中对于加法和减法的运用，真是妙趣横生。

图3

除了"米寿""白寿""皇寿"，还有其他许多称呼。比如，"卒寿"是 90 岁的雅称，因"卒"字在古时候也写成"卆"，可分解为九、十。

51

除法的运算规律

东京都　杉并区立高井户第三小学

吉田映子老师撰写

阅读日期🖊　月　日　｜　月　日　｜　月　日

边思考边做题

请计算以下除法题目。第 1 题 24÷4 的结果是？答案是 6。

第 2 题 48÷8 的结果是？答案是 6。

第 3 题 60÷10 的结果是？答案是 6。

这 3 道题的答案都是 6。

除此之外，还有结果是 6 的除法算式吗？请你再列出几个吧。

12÷2 是…

$$6÷1 = 6 \quad 12÷2 = 6 \quad 18÷3 = 6 \quad 24÷4 = 6$$

$$30÷5 = 6 \quad 36÷6 = 6 \quad 42÷7 = 6 \quad 48÷8 = 6 \quad 54÷9 = 6$$

找规律巧解题

将除数从 1 开始依次排列，认真瞧瞧，规律呼之欲出。

除法具有这样的运算规律："被除数和除数同时乘以或除以一个相同的数（0 除外），商不变"。利用这样的规律，可以发现更多答案是

6 的除法算式。

将 6÷1 的被除数和除数同时乘以
10，得到 60÷10，答案是 6。同时乘
以 100，得到 600÷100，答案还是 6。
同时乘以 1000，结果不变。

×2	6÷1	×2
	12÷2	
×3	18÷3	×3
	24÷4	
×6	30÷5	×6
	36÷6	

能够口算吗？

利用除法的运算规律，可以将除法算式从复杂变为简单，
再直接进行口算。

48÷12 被除数和除数同时除以 2。

48÷12＝24÷6

重复操作。

24÷6＝12÷3

3 不能被 2 整除，被除数和
除数同时除以 3。

12÷3＝4÷1　4÷1＝4

答案是 4。

口算就能得出结果了。

12÷4＝3
12÷3＝4…

"试一试"里的例子，是没有余数的。如果是有余数的情况，就不能
利用这个规律进行快速口算了。

你能一笔画出来吗

东京都　丰岛区立高松小学

细萱裕子老师撰写

阅读日期✐　月　日　　月　日　　月　日

需要注意交点

你知道一笔画吗？用铅笔、钢笔等工具在纸上画出图形，期间不能让笔离开纸面，当然所画的线段也不能重复。

那么，马上来试试一笔画吧。图1中的①－④，你可以一笔画出来吗？答案是，①②③可以，④不可以。判断一个图形是否能被一笔画出，其实只需要观察这个图形，就能获得答案。能够一笔画出的图形，具有某种规律。

需要注意的是交点（线与线相交的点）。当交点引出的线段是2条、4条、6条等偶数条，这个点叫作偶点。当交点引出的线段是1条、3条、5条等奇数条，这个点叫作奇点。

图1

① [图形]

② [图形]

③ [图形]

④ [图形]

区分偶点和奇点

请看图2。①③的所有交点都是偶点，它们可以一笔画出。而像②这种有2个奇点，其余均为偶点的图形，也可以被一笔画出。但这种情况下，需要找好一笔画出发的位置，否则可能会失败。

如果从红色标注的偶点出发，图形不能够被一笔画出。反之，如果从蓝色标注的奇点出发，就可以顺利完成。因此，想要一笔画出像②这样的图形，还需要从奇点出发。

图2

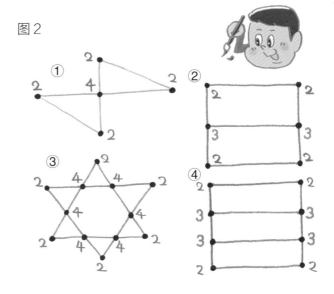

图3

④的奇点有4个，所以不能够被一笔画出。给④加上一笔成为⑤，让奇点变成2个，就可以一笔画出了。

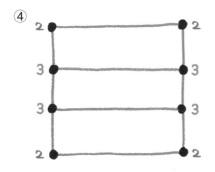

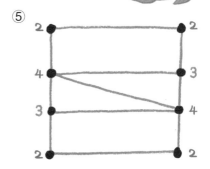

18世纪初，哥尼斯堡人热衷于挑战一项有趣的消遣活动——哥尼斯堡七桥问题。瑞士数学家欧拉把它转化为一个几何问题——一笔画问题。他不仅解决了这个问题，还给出了一笔画的条件1月21日。

哥尼斯堡的七座桥

东京都　丰岛区立高松小学

细萱裕子老师撰写

你能证明"不可能"吗？

18世纪初，在当时的普鲁士王国哥尼斯堡（今俄罗斯加里宁格勒州首府加里宁格勒）发生了这样一件数学趣闻。美丽的普雷格尔河穿城而过，七座桥梁将河中的两个小岛与河岸连接起来（图1）。有人提出这样一个问题：一个步行者怎样才能不重复、不遗漏地一次走完七座桥，最后回到出发点。问题提出后，很多人对此很感兴趣，纷纷进行试验。但在相当长的时间里，问题始终未能解决。同时，也没有人能够证明这是一件"不可能"的事。

图1

哥尼斯堡七座桥的地图

秘诀就在一笔画

就在这时，能够解答这个问题的人出现啦。他就是后来著名的大数学家莱昂哈德·欧拉。

欧拉将七桥问题抽象出来，把每一块陆地考虑成一个点，连接两块陆地的桥以线表示（图2）。经过点和线的转化，哥尼斯堡七桥问题就转化成了一笔画问题。如果这个图形能够被一笔画出，七座桥自然便能一次性不重复、不遗漏地走完。

很可惜，这幅图的奇数点有4个，显然不能被一笔画出（见1月20日）。也就是说，欧拉证明了"一个步行者不能够不重复、不遗漏地一次走完七座桥并回到出发点"。

图2

转化为一笔画问题时的图

欧拉在解决哥尼斯堡七桥问题时，发现了一笔画成立的条件，这些一笔画图形也可以称为欧拉图。

大象和鲸鱼有几吨？
比一比生物的重量

筑波大学附属小学
中田寿幸老师撰写

地球上最重的生物是？

就算是同一年级的同学，大家的体重也不尽相同，有的人是小胖墩儿，有的人是豆芽菜。那么在地球上，哪个生物的体重是最重的呢？

马上蹦到大家脑海里的，可能是有一个大大身体的大象。其中，成年非洲象的平均体重是 8000 千克，其他种类的象也有超过 10000 千克的。

哎呀，再重下去，0 也会更多，快要数不清是多少千克了。因此，在这里告诉大家一个质量单位吨，1 吨等于 1000 千克。那么，非洲象就约为 8 吨。

鲸鱼的体重让人大吃一惊

除了大象，犀牛和河马的体重也不轻，约为 2 吨到 3 吨。脖子细细长长的长颈鹿可不瘦，它的体重一般超过 2 吨。在印度南部和澳大利亚北部，生活着世界上最大的鳄鱼。这种鳄鱼体长超过 6 米，体重超过 1 吨。

看来，陆地生物中最重的还是大象。不过既然我们问的是"地球上最重的生物"，可不能少了海洋生物。这样的话，"最重"名号就要属鲸鱼啦。其中，鲸鱼里体格最大的蓝鲸一般会超过 100 吨，也有接近 200 吨的情况。也只有在无边无际的海洋中，才能够生存着这种庞然大物了。

1吨等于多少名四年级学生

你知道 1 吨大概等于多少名小学生吗？小学四年级学生的平均体重，是 30 千克。以它为例，33 名四年级学生的体重约等于 1 吨。看来一间坐满 33 名学生的教室，每天都要"支撑" 1 吨的重量。

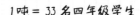

1吨 = 33 名四年级学生

如果换成是 180 吨的蓝鲸，大概等于 6000 名四年级学生的重量。

东京学艺大学附属小学
高桥丈夫 老师撰写

阅读日期✐　月　日　　月　日　　月　日

揭秘生日猜谜游戏

还记得在"来吧!生日猜谜游戏"(见1月16日)章节中,学到的魔法吗?为什么利用这条算式(图1),就能得出小伙伴的生日了呢?

秘密就是,将生日看成由生日数字组成的四位数(图2)。

也就是说,四位数的生日等于"出生月份"×100 + "出生日期"。

①首先,将出生月份乘以4,加上8。

②将数字(步骤①的答案)乘以25,加上出生日期。

③将数字(步骤②的答案)减去200。

图1

你的生日是12月31日

用生日12月31日来验证一下揭秘。

在步骤①中,"出生月份"乘以4,再乘以25,就是要达到"出生月份"乘以100的效果。

以 12 月 31 日为例，通过步骤①可得，12×4 + 8。通过步骤②可得，（12×4 + 8）×25 + 31。

计算到这里，生日这个四位数里的 1200 和 31 都已经就位。接下来只用在步骤③里，减去多余的 8×25 = 200，剩下就是生日数字。四位数的前两位是出生月份，后两位是出生日期（图 3）。

图 2

以 12 月 31 日为例
前两位　后两位
12 / 31
↓
1200
+　31

图 3　（12×4 + 8）×25 + 31
　　　= 12×4×25 + 8×25 + 31
　　　= 12×100 + 200 + 31
　　12×100 + 200 + 31−200
　　　= 12×100 + 31

迷你便签　　快和家人、朋友试试吧。如果步骤①中加的不是 8，那步骤③中减去的数字也应随之改变。

变化中的量词

1月24日

学习院小学部
大泽隆之老师撰写

阅读日期　　月　日　　月　日　　月　日

当金枪鱼变成生鱼片

今天，我们来讲讲鱼，不同形态的鱼。鱼的量词是什么？没错，汉语里常用"条"，日语中则形容为"1匹、2匹"。而当海中、河中自由自在的鱼儿，成了店里售卖的商品时，日语也随之变成"1尾、2尾""1本、2本"。

像金枪鱼这种大型深海鱼，通常在店铺中处理成长方形的鱼肉块，大小与家门口的门牌差不多。这时，日语中形容它为"1栅、2栅"。

等到食用时，切成薄薄的生鱼片，汉语量词成了"片"，日语中形容为"1枚、2枚""1切、2切"。将生鱼片盛放在船形食器中，日语中形容为"1舟、2舟"。

把生鱼片放在米饭上，一"个"握寿司就出现了，日语中形容为"1贯、2贯"。如果吃的是一"碗"散寿司，那么日语中形容为"1杯、2杯"。

蒲烧鳗鱼的量词是？

蒲烧，是日本料理中将整尾鱼串上竹签烧烤的料理方式，通常会以鳗鱼、秋刀鱼或泥鳅作为食材。因为用上了竹签，所以日语中形容这些鱼是"1串、2串"。用鲣鱼制成的干鲣鱼，日语中形容为"1节、2节"。当鱼儿成了标本，量词又变成"份"和"件"。

一个变身，鱼就拥有了许许多多的量词。

形容 2 个为一组的量词

当1变成2，量词就有了变化。2根筷子是"1双"，2根和太鼓鼓槌是"1对"，2个高跷是"1对"，动物雌雄是"1对"。2只袜子是"1双"，2只鞋子是"1双"，2只手套是"1双"。查一查还有哪些变化中的量词吧。

虽然也生活在海中，但是属于哺乳动物的鲸鱼和海豚就不是以"条"来形容了，它们的量词一般是"头"。有趣的是，在日语中不但鲸鱼和海豚的量词是"头"，蝴蝶和蚕宝宝的量词也是"头"。

计算中的数学

厉害了，25

1月 **25** 日

东京都　杉井区立高井户第三小学

吉田映子 老师撰写

阅读日期　　月　日　｜　月　日　｜　月　日

你能口算到哪一步？

来做几道乘法题目吧。

第 1 题 6×8 的结果是？ 答案是 48。

第 2 题 13×3 的结果是？ 答案是 39。

嘿，是不是觉得口算有点儿难度了呢。可能有些小伙伴要挠挠头，"这道题要不要用笔算？"

第 3 题 24×5 的结果是？ 答案是 120。

到了这道题，肯定有人要说了："这道题还是用笔算吧。"结果数字越来越大，确认答案之前心也怦怦地跳。

第 4 题 25×12 的结果是？

答案是 300。

仿佛已经听到大伙儿的叫声："这道题，只能用笔算吧！"

$$\begin{array}{r} 25 \\ \times\,12 \\ \hline 50 \\ 25 \\ \hline 300 \end{array}$$

25 的乘法是特别的？

大家先别紧张，我们再回过头来，好好看看 25 这个漂亮的数字。25 的 2 倍是 50，3 倍是 75，4 倍正好是 100。

$25 \times 4 = 100$，利用这个特性，我们的计算可以变得更简单。

以 25×12 为例，12 可以拆分为 4×3。因此，当算式替换为"$25 \times 4 \times 3$"时，积不变。

通过这样的步骤，这道题用口算就能解答出来了。

怎么样？以后遇到 25 的乘法，我们可以先找一找有没有 4 的倍数。

口算 25×32

因为 $32 = 4 \times 8$，

$25 \times 4 \times 8$

$= (25 \times 4) \times 8$

$= 100 \times 8$

$= 800$

28×25 等于多少？首先可以拆分为 $7 \times 4 \times 25$，然后计算 $4 \times 25 = 100$，最后 $7 \times 100 = 700$。计算 $7 \times 4 \times 25$ 时，可以先计算 4×25，而不用按照从左往右的顺序，这是根据"乘法结合律"。

方便的计算器，算盘的历史

大分县　大分市立大在西小学
二宫孝明老师撰写

用小石子和动物的骨头组成

大家用算盘计算过吗？如果你没有拨过算盘，总见过吧。在日本，从很久以前就开始使用这种简便的计算工具。

现在日本使用的算盘，是在中国传入的基础之上加以修改而来的。在算盘出现之前，在世界各地也有各样的计算工具。

几千年前，人们是如何计数的？最初，手指是他们的计算器，不过数字太大的话，手指就不够用了。后来，人们发明了一些简陋的计算工具，或是小石子，或者是在动物的骨头上做记号。通过不断升级计算工具，它们不仅能够计数，还可以进行加法减法的运算。

古罗马时代的算盘，和现代的算盘很像哟。

日本算盘的珠子是菱形的

在古老的美索不达米亚，人们在细沙上划下若干平行的线纹，上面放置小石子来计数和计算。而在古罗马，人们在一块金属板上刻出许多槽来，上槽放置 1 颗珠子，下槽放置 4 颗珠子，制成算板。

这些灵便、准确的计算工具，迅速在世界各地传播开来。此外，日本算盘还有个特点，算珠的纵截面是菱形的，据说是为了能够更迅速地拨动珠子。

世界各地的算盘

观察中国算盘，算珠的纵截面是扁圆形的，横梁上半部有 2 颗珠子，每颗珠子当 5，下半部有 5 颗珠子，每颗珠子当 1。俄罗斯算盘的木条横镶在木框内，每条穿着 10 颗算珠，算盘左右拨动。日本算盘的规格在 1935 年（昭和 10 年）被统一，通常为梁上 1 珠，每珠为 5，梁下 4 珠，每珠为 1。

有记录表明，算盘是在室町时代（1336–1573 年）末期，从中国传入日本的。中文与日文里算盘一词的发音相似，也许印证着这一点。

67

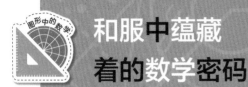

和服中蕴藏着的数学密码

福冈县　田川郡町立川崎小学
高濑大辅老师撰写

阅读日期　　月　日　　月　日　　月　日

和服的纹样有玄机

日本的文化潮流，持续席卷全球。来到日本的游客，经常能在大街小巷看到身着和服的日本人。和服，是日本人的传统民族服装，也是日本传统文化的象征之一，作为引以为傲的文化资产，在世界上很受认同。

这与今天的内容又有什么关系呢？其实，传统的和服上还藏着许多数学密码。首先，请大家细细观察图 1- 图 4 的和服纹样。

市松纹样（图 1）

市松纹样由正方形组成，拥有各种颜色组合。

鳞形纹样（图 2）

鳞形纹样源自鱼鳞片的形状，由三角形组成。

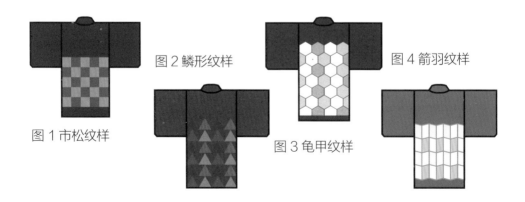

图 1 市松纹样

图 2 鳞形纹样

图 3 龟甲纹样

图 4 箭羽纹样

龟甲纹样（图3）

龟甲纹样源自乌龟背甲的形状，由六边形组成。

箭羽纹样（图4）

箭羽纹样是以箭翎为主题的图案，是一种吉祥图案，由平行四边形组成。

由此可见，和服纹样的原型来源于自然界的风花雪月、鸟兽虫鱼，以及生活中的各种道具。从古至今，日本人都热衷于追逐和服纹样、色彩的潮流。

一块布就能做成和服

那么如果要制作一件和服，需要准备几块布料，布料的形状又有何要求呢？其实，和服衣料就是一块长长的布匹，它宽约34厘米、长约10.6米。

和服衣料

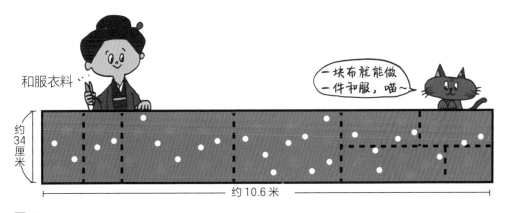

一块布就能做一件和服，喵～

约34厘米

约10.6米

图5

迷你便签

如图5所示，要制作一件和服，只用按照虚线将一整块布料裁剪成若干长方形小布块，再进行缝制就可以了。简单的制衣方法，也让和服的修补变得容易。和服不仅蕴藏着数学密码，更是古人智慧的结晶。

简单了！退位减法

御茶水女子大学附属小学
冈田纮子 老师撰写

阅读日期 ✎　月　日　｜　月　日　｜　月　日

退位减法也可以很简单

害怕遇到退位减法的同学请举个手。好多人想着，如果没有退位运算就简单了……巧了，今天就告诉大家一个珍藏的诀窍——让退位减法变为不退位减法。

变为不退位减法

以 17－9 为例，个位数 7 不能被 9 减去，所以需要进行退位运算。接下来，我们就将 17－9 变为不退位减法。将 17 和 9 都加上 1，变成 18－10。被减数和减数同时加上相同的数，差不变。经过简单运算后，18－10 = 8，8 就是答案。

再来一题，51－15 如何计算？首先，确定个位数 1 不能被 5 减去。然后，将减数的个位数变为 0，即 51 和 15 都加上 5。最后，算式变为 56－20。经过简单运算，36 就是答案。

最后试试这一题，100－87 如何计算？因为需要进行两次退位运算，不少同学打了退堂鼓。将 100 和 87 都加上 3，算式变为 103－90，可得 13。

将减数变为恰当的数字，运算随之变得简单。将这个诀窍也运用到其他减法运算中吧。

进行进位加法时，我们也可以找到简便运算的诀窍。请见 6 月 5 日。

送你一枚雪花
——挑战剪纸课

1月
29日

东京都 杉并区立高井户第三小学
吉田映子老师撰写

体验中的数学

阅读日期 月 日 月 日 月 日

来剪雪花剪纸吧

如图 1 所示，先把正方形的纸进行两次对折。然后画上一颗爱心，沿着线剪开。当当当当当，送你一枚幸运四叶草。

如下页图 2 所示，还可以剪出一枚雪花。

折纸、画图、剪纸。注意细节的处理，小心不要伤到手哟。和家人、朋友一起剪起来。

发挥你的想象力，剪出各种各样的漂亮雪花来吧。

图 1

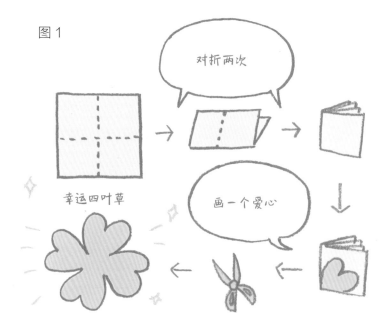

对折两次

画一个爱心

幸运四叶草

图 2

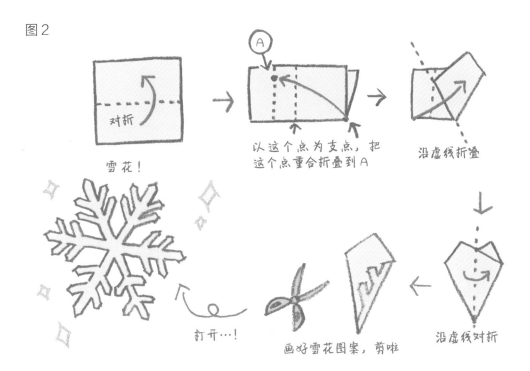

以这个点为支点，把
这个点重合折叠到 A

沿虚线折叠

雪花！

沿虚线对折

画好雪花图案，剪啦

打开…！

能够完全重合的图形叫作"全等图形"。纸张经过折叠、画图、剪，呈现出来的就是由若干全等图形组成的剪纸作品。除了四叶草和雪花，大家还可以尝试其他的图形哟。

73

"取石子游戏"的必胜法

1月30日

北海道教育大学附属札幌小学
泷泷平悠史老师撰写

阅读日期	月 日	月 日	月 日

"取石子游戏"的规则

图1

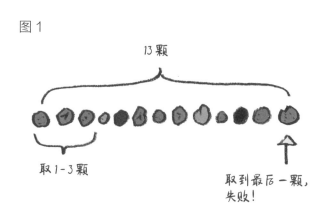

13颗

取1-3颗

取到最后一颗，失败！

大家听说过数学小游戏"取石子游戏"吗？这是一个双人游戏，规则十分简单：首先，准备13颗小石子并排放好。游戏开始后，两个人轮流取石子。取走最后1颗石子的人，游戏失败。

游戏规定，每次取的石子数量不大于3颗。也就是说，每人每次可以取1-3颗石子。

其实是有必胜法则的哟！

话不多说，马上来观看一次实战。首先，小A取2颗，小B也取2颗，剩9颗。

接着，小A取3颗，小B取1颗，剩5颗。

然后，觉得战况有点儿危险的小A取了1颗，小B不假思索取了 3 颗，剩 1 颗。很遗憾，这次实战中小 A 输掉了游戏。

看似拼运气的"取石子游戏"，其实是有必胜法则的，小 B 也深知这一点。我们来对这场实战进行一次复盘。

可以看到，两人每一回合取走的石子数量都是 4 颗。在总数是 13 颗的情况下，每一回合取走 4 颗，即 4 × 3 = 12。也就是说，3 个回合后正好取走 12 颗，剩 1 颗。

图2

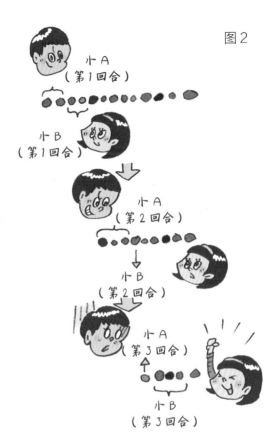

图3

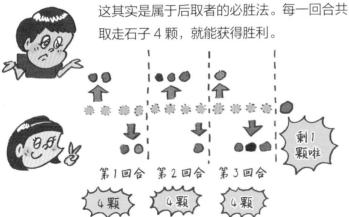

这其实是属于后取者的必胜法。每一回合共取走石子 4 颗，就能获得胜利。

迷你便签

"取走最后 1 颗石子的人，游戏胜利。"如果将游戏的获胜条件改变，也是件有意思的事。在这个规则之下，必胜法也会随之改变。大家可以好好思考一下哟。

75

九九乘法表里的
个位数秘密

计算中的数学

1月
31日

学习院小学部
大泽隆之老师撰写

阅读日期　　月　日　｜　月　日　｜　月　日

给九九乘法表涂上颜色

请大家仔细观察九九乘法表的个位数。

在西方文化中，7 普遍被视为幸运数字，有幸运 7 的说法。首先，我们给个位数是 7 的方格，涂上黄色。一共有 4 处。

然后，我们给个位数是 9 的方格，涂上红色。图案好像有点儿出

图 1

×	1	2	3	4	5	6	7	8	9	虚线 B
1	1	2	3	4	5	6	7	8	9	
2	2	4	6	8	10	12	14	16	18	
3	3	6	9	12	15	18	21	24	27	
4	4	8	12	16	20	24	28	32	36	
5	5	10	15	20	25	30	35	40	45	
6	6	12	18	24	30	36	42	48	54	
7	7	14	21	28	35	42	49	56	63	
8	8	16	24	32	40	48	56	64	72	
9	9	18	27	36	45	54	63	72	81	虚线 A

76

来了。

最后，我们给个位数是 6 的方格，涂上蓝色。图案又发生了一些变化。你发现了吗？沿着虚线 A 或虚线 B 对折，每种颜色都能够完全重合（图 1）。

色块中藏着的大秘密

如果沿虚线 A 对折，重合的黄色方格是 1×7 和 7×1、3×9 和 9×3，两组乘法中，因数都交换了位置。

如果沿虚线 B 对折，重合的黄色方格是 1×7 和 3×9、7×1 和 9×3。重合的红色方格有 9 和 49，也就是 3×3 和 7×7。重合的蓝色方格有 16 和 36，也就是 4×4 和 6×6（图 2）。

巧了，如果将图 2 中同一种颜色的数字相加，都得 10。好神奇呀。

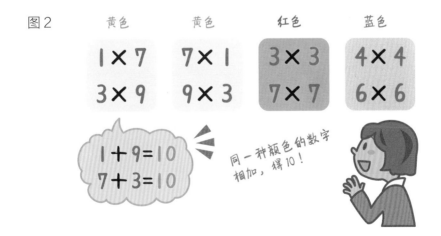

图 2

九九乘法表中还蕴藏着许许多多的秘密和惊喜，寻找它们是一种乐趣。

在这个照相馆里，我们会给大家分享一些与数学相关的、与众不同的照片。带你走进意料之外的数学世界，品味数学之趣、数学之美。

◉ 本页照片均由细水保宏提供

"走出课本，看一看身边的数字"

世界上有许多有趣的数字

旅行时，我们总会沉浸在美丽的自然风光与当地的美食之中。在今后，大家还可以尝试一边游览一边进行"数字"的发掘之旅。比如，在冲绳县的西表岛就矗立着一座子午线纪念碑，碑上标注着此地的经度，这个经度的数字正巧是 1、2、3 到 9 的依次排列呀！

再看右边上面这张电梯按钮的照片，1 楼按钮 "1" 的下方是 "-1"，而日本一般是将地下一层标识为 "B1" 的。再看看右下角这个钟表，表盘上的数字很奇怪吧。

我们的身边藏着许许多多的数字，只要你用心观察，就会发现它们的身影哟。